楽しい調べ学習シリーズ

生き物の かたちと動きに学ぶ テクノロジー

驚異的能力のひみつがいっぱい！

[監修] 石田秀輝

PHP

はじめに

水道の蛇口をひねると勢いよく水が出てきます。でも、この水はどこから来ているのか考えたことはありますか？ 海の水が太陽の熱であたためられて蒸発し雲ができます。雲は空の上で冷やされ雨をふらせます。ふった雨は木々の生いしげった山の土にたくわえられ、そこから長い時間をかけてゆっくり地下にもぐり、ミネラルをたっぷりふくんだ水（伏流水）として川や地上に出てきます。その水をわたしたちは飲んでいますし、海まで流れることで海を豊かにします。太陽の光や熱、そして雨のおかげで豊かに育った木々の果実は動物のえさとなり、多くの生き物が森を豊かにします。そして生き物たちのふんや死がいは小さな虫や微生物のえさとなって分解され、栄養豊富な土をつくり、それがさらに森を豊かにするのです。

自然はすべてがつながっているのです。そして、よりよくつながるために、生き物たちはさまざまなくふうをして、もっともむだのない、持続可能なくらし方を創り上げてきました。

空気の中から水をつくりだしたり、エネルギーをあまりつかわずに遠くへ移動したり、いつもきれいに外観をたもったり、群れで移動してもぶつからない技をもっていたり……。生き物たちは、かたちや動きをくふうすることで、そんな力を当たり前のように創りだしているのです。

　わたしたちは今、石油や電気をつかってべんりなくらしをしていますが、そのつみ重ねが「地球温暖化」や多くの地球環境問題を引きおこしてしまいました。

　もう一度、地球史46億年、生命史38億年の長い歴史の中で創り上げてきた生き物たちのおどろくようなくふうを学ぶことで、石油や電気をたくさんつかわなくてもすてきなくらしを創り上げるテクノロジー（技術）を見つけることができるかもしれません。

石田 秀輝（Emile H.Ishida)

生き物のかたちと動きに学ぶテクノロジー
もくじ

はじめに　　　　　　　　　　　2

自然はすごい！ 地球の自然をつくる太陽！　　　6

自然はすごい！ 生き物たちのテクノロジーに学ぼう！　　8

水をあつめる　　　　　　　　10

気づかれずに近づく　　　　　14

速く泳ぐ　　　　　　　　　　18

発見！生き物の知恵 遠くまで飛ぶ植物の種　　22

水やよごれがつかない　　　　24

つるつるのものにくっつく　　28

水の中でもくっつく　　　　　32

発見！生き物の知恵 くっつく生き物大集合　36

- ほかのものをくっつかせない　38
- 弱い流れもうまくつかう　42
- 光をはね返さない　46

発見！生き物の知恵 軽くてじょうぶなかたち　50

- ぶつからないで群れをつくる　52
- むだのない道すじをつくる　56

発見！生き物の知恵 いっしゅんで広げてたためる　60

さくいん　62

自然はすごい！
地球の自然をつくる太陽！

🌱 太陽がすべてのみなもと

　地球上の生き物にとって、太陽はなくてはならないものです。太陽の光のエネルギーは、地球にふりそそいで地面をあたため、その熱が空気につたわって気温を上げます。また、太陽の光のエネルギーが地球の表面をあたためると、海の水や陸地にある水が蒸発して、空で細かな水滴となって雲をつくります。雲は上空で冷やされて、氷のつぶとなりくっつきあって、雪や雨として地上にふってきます。陸にふった雪や雨は、川や地下水となって、ふたたび海へともどります。

　このように太陽の光は、地球にちょうどよい気温をつくり、たくさんの水をめぐらせています。それにより、地球上ではたくさんの生き物がくらすことができるのです。

🌱 自然のかんぺきなしくみ

地球上の生き物たちの間には、食べる・食べられるという食物連鎖の関係があります。太陽の光を利用して水と二酸化炭素から自分で栄養をつくる植物、それらを食べる草食動物、草食動物などを食べる肉食動物、それらの動物のふんや死がいなどを分解して養分豊かな土をつくる虫や菌類、細菌などのつながりです。

そうした食物連鎖の中で、太陽の光のエネルギーは、植物から動物、土壌生物などの栄養やエネルギーとして自然の中をめぐっています。自然は、太陽の光のエネルギーだけで多くの命をはぐくんでいるのです。

🌱 人類が自然のしくみをこわす!?

約700万年前に人類があらわれ、やがて火や言葉、道具、文字などをつかうようになり、文明を生みだしました。人類はだんだんとすむ場所を広げ、その数をふやしました。現在、地球上には70億人以上もの人がくらしています。

人類は、火をおこし、ものを動かす力（動力）をえるために、石油や石炭などのエネルギー資源をつかいます。これらは、太陽の光のエネルギーで育った植物や海の生物をもとにして、地球が長い間地中にたくわえてできたものです。

しかし、それらの資源にもかぎりがあります。今から数十年後、人類はそれらの資源をつかいはたしてしまうと予測されています。また、こうした人類の活動が、地球の温暖化、異常気象などを引きおこし、地球上の生き物の大量絶滅をまねいているという意見もあります。

自然はすごい！
生き物たちのテクノロジーに学ぼう！

人類が生きのびるために

現在の人類の活動のしかたでは、いずれ地球がたくわえていた資源をつかいはたし、人類は生存できなくなってしまうと考えられています。そうならないように、わたしたち人類は、太陽のエネルギーだけで、命をつないできた生き物たちの能力に学び、持続可能な、つまりずっと続けられるようなくらし方を考えなくてはなりません。

生き物たちのテクノロジー

地球上でくらす生き物は、自然をこわさず、自分の体やくらし方を変えて、生きのびてきました。砂漠にすむモロクトカゲは、体の表面にあるとげを利用して空気中のわずかな水もあつめます。サメやイルカは体の表面にあるでこぼこで、速く泳げます。ハスの葉やカタツムリの殻は、水やよごれをはじきます。夜に活動するガの眼は光をはね返さず、すべて吸収します。また、小さな魚や鳥は大きな群れをつくっておそわれにくくします。アリはむだのない道を通って食べ物をさがします。

このように、生きていくためのすぐれたテクノロジー（技術）や能力を身につけた生き物がたくさんいます。

🌱 生き物に学んで、変わるくらし

　わたしたち人類が、かけがえのない地球でこれからも生きてくらしていくためには、自然環境に合わせて、体やくらし方を変え、最小のエネルギーで命をつないできた生き物たちの能力、それを可能にしたテクノロジーに学ばなければなりません。それを学ぶことで、大自然に生きる生き物たちと同じように、地球の資源をむだにつかわずくらしていくことができるかもしれません。それも、無理をせずに楽しみながら……。さあ、生き物たちがもつすごいテクノロジーをさがしにいきましょう。

水をあつめる

モロクトカゲ オーストラリアの砂漠にすむトカゲ。体の表面に円すい形のとげがたくさんある。

> かんそうしたところで どうやって水をあつめる のかな？

かんそうしたところにすむ生き物

　地球の動物や植物は、生きていくためには水が必要です。砂漠などのかんそうした場所には、湖や川といったたくさんの水をためた場所はなく、雨もほとんどふりません。しかし、そうした場所にもたくさんの生き物がくらしています。じつは、それらの生き物たちは、空気中にふくまれる水（水蒸気）や霧、ほんの少しの雨など、わずかな水をうまくあつめているのです。どうやって水をあつめているのでしょうか。

キリアツメゴミムシダマシ
アフリカ大陸の南西部の海岸ぞいにあるナミブ砂漠にいる。背中にたくさんの細かなでこぼこがある。

サボテン だ円形の平たいウチワサボテン（上）や柱状のハシラサボテン（左）、球状のサボテン、などがある。南北アメリカの砂漠や高山地帯、荒れ地などのかんそうした場所に多く生えている。

水を あつめる

🔍 モロクトカゲの水あつめ

モロクトカゲの体の表面には、たくさんのとげがあり、空気にふれる面積が大きくなっています。そのとげの先から根元にはとても小さなみぞがあり、トカゲの口へとつながっています。砂漠のようなかんそうした場所でも、空気には水がわずかにふくまれていて、気温が下がったり、空気よりもつめたいものにふれたりしたときに体の表面に水滴ができます。それらの体の表面の水滴があつまると、このみぞを通って口までとどくようになっています。

モロクトカゲの体の表面 あしの下のほうのとげに水がついても、小さなみぞをつたって、口に近いほうへ水が移動する。

💧水が移動するしくみ

水には、細いみぞや管のすき間をつたわっていく性質があります。これは、すき間に入った水どうしが引きあうことでおこるもので、毛細管現象または毛管現象といいます。モロクトカゲの体の表面にあるみぞでも、この現象がおき、水が口まで運ばれることがわかっています。

色水の移動 色をつけた水を入れたコップをティッシュペーパーのなわでつないでおくと、ティッシュペーパーをつたって水が移動する。

サボテンのとげの拡大図 とげの表面にある細いみぞをつたって水があつまって吸収される。

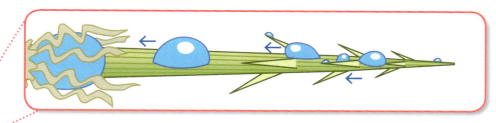

🌵サボテンの水あつめ

サボテンのとげは、葉が変化したもので、強い太陽の光をあびてもサボテンの中の水が蒸発しにくくなっています。しかも、とげには小さな突起や、細いみぞがあり、空気中の水蒸気や霧などの水がとげにつくと、水滴となってとげの根元にあつまるようになっています。そしてあつまった水はとげの付け根から吸収され、太くて、ぶあつくなった茎にたくわえられます。

しりを上げるキリアツメゴミムシダマシ

🔍 キリアツメゴミムシダマシの水あつめ

キリアツメゴミムシダマシの背中にある1 mmぐらいのこぶは、上が平らで、水がくっつきやすくなっています。そのこぶとこぶの間にはもっと小さなでこぼこがあり、水をはじきやすくなっています。霧が発生したときにしりを上げると、霧がこぶの上にあつまり、大きくなった水滴は、水をはじくでこぼこの上を流れて、口のほうへあつまります。

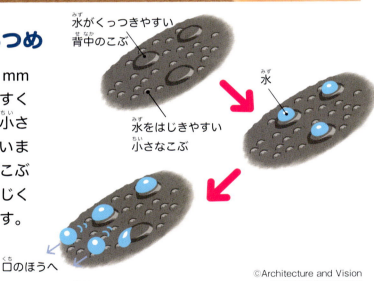

水がくっつきやすい背中のこぶ
水をはじきやすい小さなこぶ
水
口のほうへ

テクノロジー 砂漠の生き物に学ぶ水あつめ

モロクトカゲやサボテン、キリアツメゴミムシダマシは、その体や表面のかたちによって、少ないエネルギーで霧や空気中の水をうまくあつめます。それらの生き物から学んで、少ない雨や霧、露などの水滴をあつめる給水装置が考えられています。雨が少なかったり、飲み水となる川などが遠かったりする場所にくらす人々が、楽に水を手に入れられるようになるかもしれません。

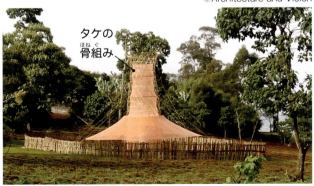

©Architecture and Vision

電気をつかわず水をあつめる「Warka Water」 タケでできた骨組みの中のあみに水がつくと、あみの糸のすき間をつたって、その下にある容器に水がたまるしくみになっている。

気づかれずに近づく

水面に飛びこむカワセミ

©MarkCauntPhotography/depositphotos.com

水音をさせないカワセミ

　カワセミは、あざやかな青や緑に見える鳥で、きれいな川や湖などの水辺で魚や水生昆虫をとってくらしています。えものをとるときは水面から出たくいや、水面上にはりだした木の枝にとまって、じっと水面を見つめます。えものを見つけると、そこから飛びたって、すばやく水面へ近づき、はねをすぼめて、くちばしの先から一直線に水中に飛びこんでえものをとります。カワセミが水に飛びこむときは、水しぶきはほとんどたてずに、小さな水音しかさせないのでえものをにがさずとることができるのです。

© Mcech ¦ Dreamstime.com

ネズミをおそうフクロウ

🔍羽ばたきの音を出さないフクロウ

　フクロウのなかまは、夕方や夜に活動して、おもにウサギやネズミ、ヘビなどの小さな動物を食べる肉食の鳥です。目と耳がよいので、生き物が出す小さな音をたよりに、えものを見つけます。そして、音をたてずに飛んでえものに近づき、するどいかぎ爪のついたあしや、くちばしでとらえます。

音を たてずに 飛んで きたよ!!

気づかれずに近づく

テクノロジー
カワセミのくちばしに学ぶ

カワセミがえものをとるとき、水音をほとんどたてずに飛びこめるのは、先のとがったくちばしに、水にぶつかったときに受ける力を小さくするはたらきがあるからです。それをまねてできたのが、500系新幹線の先頭車両です。それまでの新幹線では、高速でトンネルに入ると、中の空気にぶつかって大きな音が出るため、まわりにすむ人などにめいわくをかけていました。先頭をカワセミのくちばしのようにすることで、音を小さくすることができたのです。

カワセミ

500系新幹線の先頭　画像提供：西日本旅客鉄道株式会社

500系新幹線　JR西日本がつくった、東京から大阪・博多を走る新幹線。　画像提供：西日本旅客鉄道株式会社

テクノロジー
フクロウのはねに学ぶ

ふちにぎざぎざのついたはね

はばたくフクロウ

　鳥がはばたくときには、空気のうずができて、それが大きくなるほど、音が大きくなります。フクロウのはねは、ふちがぎざぎざになっていて、これが空気のうずを小さくするはたらきをし、えものをとるときにはばたいてもほとんど音が出ません。このかたちに学んでできたのが、電線から電気を受けとる新幹線のパンタグラフです。新幹線が高速で走ると、パンタグラフは風を受けて大きな音を出します。そのパンタグラフの支柱の側面に、フクロウのはねをまねて、ぎざぎざをつけることで、音を小さくできたのです。

つつにぎざぎざのついたパンタグラフ
画像提供：西日本旅客鉄道株式会社

コラム
雪がつもるとしずかになる？

　雪がつもると、まわりの音が小さく聞こえ、しずかに感じられます。雪は六角形の氷の結晶（決まったかたち）があつまってできていて、結晶には多くのすき間があるため、つもった雪にもすき間ができます。音は、空気が波のようにゆれて（ふるえて）つたわりますが、音がすき間に入ると、ゆれが小さくなって、音も小さくなります。つまり、雪にあたった音は、ほとんどはね返されず、すき間に吸収されてしまいます。そのため、まわりの音が小さく、しずかに感じられるのです。

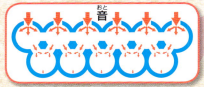

雪にぶつかる音　音は、雪の結晶のすき間に吸収されて小さくなる。

雪の結晶

画像提供：藤野丈志

速く泳ぐ

イルカ ヒトと同じく赤ちゃんのころは母親の乳で育つ海のほ乳類。尾びれを上下に動かして前に進む。

水の中で速く動く生き物

わたしたちが速く走るとき、わたしたちの体は、空気のおし返す力（空気の抵抗）を風として感じます。このような空気よりも水のほうが分子の密度が高く、ねばりけがあるため、水中を進むときには、空気の中を進むときの800倍もの大きな抵抗がかかります。しかも、速く進もうとするほど、水の抵抗は大きくなります。しかし、海でくらすサメやマグロ、カジキなどの大型の魚やイルカやシャチなどのほ乳類は、ときに時速30〜40kmで泳ぎ、えものを追いかけたりにげたりするときには、時速100km近い速さになるともいわれています。なぜ、水の中をこんなに速く泳げるのでしょうか。

一番速く泳げる人でも泳ぐ速さは時速8kmぐらいなんだって。

マグロ あたたかい南の海で生まれ、日本の近くにやってくるマグロは、えさとなる小魚を追いかけながら成長し、太平洋を往復することもある。速いスピードで長い間泳ぎつづけることができる。

ホホジロザメ 北極海や南極海以外の世界中のあたたかい海にいるサメで、人をおそうこともある。えさをもとめて何千km、何万kmも移動することがある。

速く泳ぐ

水の中を進んで受ける反対向きの力

広い海を泳ぎまわってくらすイルカやホホジロザメ、マグロなどの体は、水の抵抗を受けにくいかたちをしています。それでも、水の中を進むときには、水と体がこすれあって進む方向とは逆向きの力（まさつ力）がはたらきます。

また、水中でくらす動物は速く進むと、体にそってできる小さなうずのはたらきで、体の後ろがわで体を後ろへ引っぱる力が生まれます。イルカやサメ、マグロは、こうした進むのとは反対にはたらく力（抵抗）をなるべく小さくすることで、少ない力でより速く泳ぐことができます。

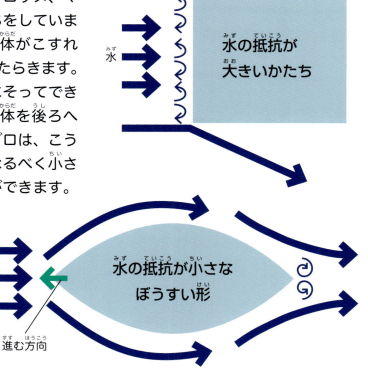

体の表面で生まれるうず 小さなうずがいくつもできて、速く進むのをじゃまする力になる。

サメはだのひみつ

サメにさわると、とてもざらざらしています。これは、サメのかたいうろこが、おり重なって体をおおっているからです。また、つねに泳ぎまわる種類のサメのうろこには、頭から尾びれの向きに細長いでっぱりにそって、小さなみぞがあります。そのみぞがあることで、サメのはだの表面にできるうずが体から少しはなれてできるようになり、水の抵抗が小さくなるのです。

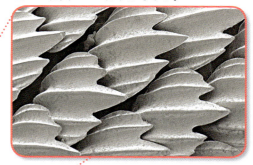

サメのうろこの電子顕微鏡写真 うろこの表面には細長いでっぱりがならぶ。

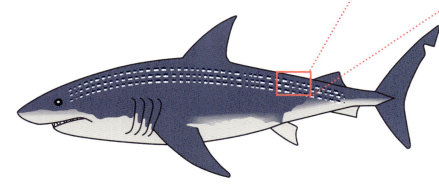

サメはだのみぞとうず みぞがあると、体から少しはなれたところにうずができるので、速く進むことができる。

🔍 イルカのはだのひみつ

イルカのはだには、サメとちがってつるつるしたゴムボールのような弾力があります。そのため、イルカは速く泳ぐとき、水の力で皮ふにしわをつくって体の表面にできるうずを小さくし、水の抵抗を小さくしています。また、古くなった皮ふがはがれると、体の表面にうずができにくくなると考えられています。

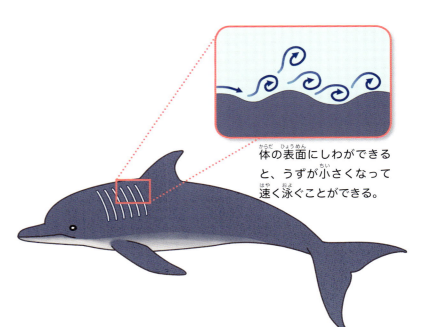

体の表面にしわができると、うずが小さくなって速く泳ぐことができる。

🔍 マグロのはだのひみつ

マグロやカジキのはだは、つるつる、ぬめぬめしています。体の表面に水をふくんだぬめりがあることで、はだと水との間のまさつが小さくなって抵抗がへると考えられています。

体の表面にぬめりがあると、水の抵抗が小さくなって速く泳ぐことができる。

サメはだのような細長いでっぱりのある飛行機用フィルムの表面の電子顕微鏡写真　空気の抵抗を小さくして、つかう燃料をへらすことができる。

テクノロジー
速く泳ぐ生き物に学ぶ

飛行機や船は、燃料をもやしてエンジンを動かし、前へ進んでいます。進むときの抵抗が大きいほど、燃料をたくさんつかいます。そのため少しでも抵抗をへらそうと、サメはだのようなでっぱりのある飛行機用のフィルムや、マグロなどのはだにあるようなぬめりが出る船舶用の塗装が研究されています。

©Kentaro Iemoto"Lufthansa A340-300(D-AIGD)"(CC-BY-SA)

21

発見！生き物の知恵
遠くまで飛ぶ植物の種

植物は、動物とちがって自分で動くことができないため、さまざまな方法で自分の種を運んでもらうくふうをしています。風を利用する植物もあります。そうした植物の種は、風にのって遠くに飛びやすいかたちをしています。

タンポポのわた毛 タンポポは花がさきおわると、わた毛といわれる細くて長い毛のついた種ができる。小さく軽い種は、わた毛に風を受けて遠くまで運ばれ、そこで新たに芽を出す。

アルソミトラ 暑くて雨がよくふる東南アジアの森に生えるつる植物で、ほかの木にまきついて高いところから種を飛ばす。うすくて大きなはねをもつ種は、広がったはねで空気にのるように遠くまで飛ぶ。

アルソミトラの種 はねの表面には、しわのようなでこぼこがある。このでこぼこで空気の抵抗（じゃまする力）が小さくなり、種が飛びやすくなる。

イロハモミジの実（左）と種（下） カエデやモミジのなかまは、1つの実に2つの種ができる。秋になって葉が赤くなり実がじゅくすと、2つに分かれて種がおちる。はねのついた種を中心にしてくるくるとまわりながら、少しゆっくりとおちるので（右図）、風にのって遠くに飛ぶことができる。

ツクバネ 丸い実に、葉が変化したはねが4枚つく。実がじゅくすと、はねに風を受けて実を下にしてまわりながらおち、遠くに飛んでいく。

画像提供：「花のびっくり箱」

コラム

虫の大ジャンプのひみつ⁉

　バッタは、敵が近づくと、大きな後ろあしで地面をけるようにジャンプしてにげます。このとき、自分の体の数倍から数十倍も高くジャンプします。また、体の大きさが1〜2mmほどのノミは、10〜30cmもジャンプし、ほかの生き物の体にとりついて血をすいます。バッタやノミの後ろあしの付け根には、レジリンという強いゴムのようなタンパク質があり、たくわえた力をむだなくつかえるようになっているのです。このレジリンは、トンボやハチのはねの付け根にもあり、はねをすばやく動かすのに役立っています。

ノミがヒトと同じ大きさだとすると、50階建てのビルを飛びこえるぐらいのジャンプをすることになる。

水や よごれが つかない

レンコンの穴は空気の通り道なんだって。

ハスの葉

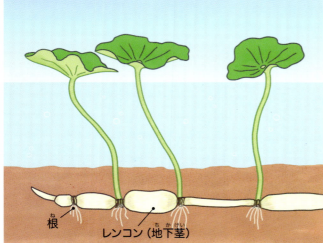

ハスとレンコン わたしたちが食べるレンコンは、どろの中で太く育ったハスの地下茎の部分で、レンコンとレンコンの間に根や葉の茎がつく。夏に花がさく。

水をはじくハスの葉

ハスは池や沼などに生える水草で、水中のどろの中で地下茎と根をのばし、細長い茎の先を水面へのばして丸い葉や花をつけます。大きくて丸いハスの葉は、水をよくはじくことが知られています。植物の多くは、おもに葉で太陽の光を利用して必要な栄養をつくる光合成をおこないます。そのため、葉に水があったりよごれていたりすると、光合成がうまくできません。ハスの葉のように水をはじくと、雨がふったときなどに水が葉のよごれといっしょに流れおちてくれるので、葉はいつもきれいな状態でいられます。

🔍 よごれがつかないカタツムリの殻

カタツムリは、陸にすむ貝のなかまです。水中にすむ貝は、えらで水を出し入れして息をしますが、カタツムリは、肺で息をします。また、カタツムリは身に危険を感じると殻の中にかくれたり、冬には殻の入り口に膜をはって冬眠したりします。これとは反対に、雨の日がつづく梅雨などには、活発に動きまわって植物の葉などを食べますが、雨でよごれた葉の上や地面などを動きまわっても、よごれた殻のカタツムリを見ることはほとんどありません。

カタツムリは、殻にかくれたまま鳥に食べられてしまい（左）、鳥の体の中で生きのこってふんから出てくることもある（右）。それによって、動きがおそいカタツムリも、鳥の体の中に入ったまま遠くまで移動することができる。

水や よごれが つかない

画像提供：阿達直樹

ハスの葉
表面のでこぼこ
（電子顕微鏡写真）

テクノロジー
ハスの葉に学ぶ

　水をはじくハスの葉の表面を顕微鏡で大きくして見ると、表面に100分の1mmほどのとても小さなでこぼこがたくさんあります。そのでこぼこの上には、その数百分の1というさらに小さなでこぼこがあります。それらの小さなでこぼこがたくさんあると水が入りにくいため、葉の表面がぬれにくくなります。こうしたハスの葉のつくりをまねた布がつくられ、水をはじく服やかさなどにつかわれています。

水をはじく布　布が水をはじいて、ついた水が流れおちる。

ハスの葉が水をはじくしくみ　小さなでこぼこで水をはじく。ハスの葉の表面では、水によごれをくっつけて、よごれた水をはじきおとす。油のような、水をはじくよごれはおとせない。

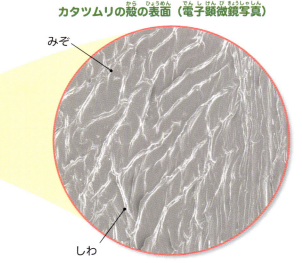

カタツムリの殻の表面（電子顕微鏡写真）

みぞ

しわ

テクノロジー
カタツムリの殻に学ぶ

　カタツムリの殻の表面を顕微鏡で見ると、100分の1mmほどのしわと、10分の1mmほどのみぞがあるのがわかります。こうした目に見えない小さなでこぼこの間に、水がうすく広がっています。そのため、水とまざらない油のよごれなどははじかれるので、雨などがふるとよごれは流れおちてしまいます。このようなカタツムリの殻のつくりに学んで、建物のかべにつかうタイルなどがつくられています。水がくっつきやすい表面にして、うすい水の膜をつくり、よごれがついても雨で洗い流すことができるようになっています。

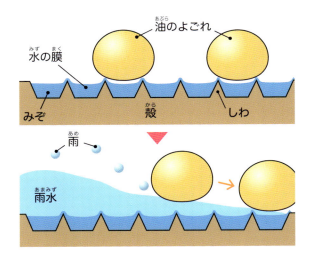

コラム
水をはじいてくっつけるバラ

　雨がふったあとにバラの花を見ると、花びらの表面に丸い水滴がついているのが見られます。ところが、バラの花はハスの葉とちがって、さかさまにしても水滴が花びらにくっついていておちません。じつはバラの花びらにも、ハスの葉の表面のように目に見えないほどの小さなでこぼこがありますが、ハスの葉にくらべるとでこぼこがあらくなっています。そのため、でこぼこの上にあるさらに小さなみぞには水が入ることができずはじかれ、大きなみぞには水が入ってくっつくので、水滴はおちないのです。

バラの花びらの表面のつくり

つるつるの ものに くっつく

ガラスにくっついたヤモリ 体の大きさが10cmぐらいのトカゲのなかま。トカゲと同じように、危険を感じるとしっぽを切ってにげる。

©BonNontawat/Shutterstock.com

まるで「にんじゃ」みたいだね。

どんなところにもくっついて動く

　ヤモリは、古い家や小屋などにすんでいる、トカゲによくにたは虫類です。しかし、トカゲはおもに地面を歩きまわりますが、ヤモリは窓やかべ、天井などを歩きまわり、昆虫やクモ、ダンゴムシなどをとって食べます。そのとき、ヤモリはガラス窓や天井がつるつるでも、あしでくっついてすべりおちることはありません。それだけではなく、どんなにすべりやすいガラスでもすばやく動きまわることができるのです。

　ほかにも、クモやハエなども、ガラスにくっついたり葉のうらがわを歩きまわったりすることができます。しかし、すべての生き物がガラスにくっついたり、ガラスの上を動きまわったりできるわけではありません。くっつく力が強く、それでいてはがれやすいあしをもつ生き物だけが、自由に動きまわることができるのです。

クモ 昆虫とはちがって、あしが8本ある。サソリやダニに近いなかま。

ハエ 2枚のはねで飛ぶ昆虫。かむ口がないため、花のみつや、くだもの、くさったもののしるなどをすったり、なめたりする。

つるつるのものにくっつく

あしのうらのひみつ

ヤモリのくっつきやすく、はがれやすいあしのうらには、「セタ」という太さ100分の1mm、長さが10分の1mmほどの毛が、1本の指に約50万本生えています。その毛の先は、先がへらのようになった、「スパチュラ」というさらに細い数百本の毛に分かれています。見た目にはつるつるでも、それを拡大して見ると、表面には目に見えない小さなでこぼこがあり、そのでこぼこにヤモリのあしのうらの細い毛が入りこんで、へらのように広がった毛の先が表面にぴったりとくっつきます。

プラスチックの板にはりつくヤモリ

ヤモリのあしのうら（拡大写真）

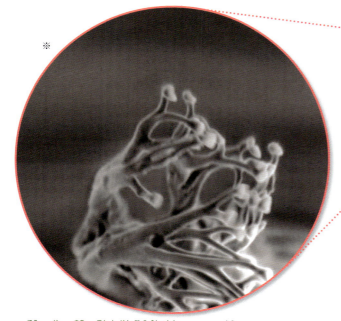

細い毛の先の電子顕微鏡写真 セタの先は、スパチュラという1万分の1mmほどの細い毛に分かれている。

ヤモリのあしのうらの電子顕微鏡写真 セタといわれる細い毛がびっしりと生えている。

※ 画像提供：（国研）物質・材料研究機構

細い毛がたくさんあるとくっつく!?

ものとものがくっつくと、両方の間にたがいに引きあう力が生まれます。1つひとつは弱い力ですが、ヤモリのあしのうらにはセタやスパチュラという毛がたくさんあるため、力が合わさって、さかさまになっても体をささえることができるのです。また、へらのように広がった部分が毛の先にななめについていることで、上からおしつけながら引くとくっつき、おすとかんたんにはがれるようになっています。つるつるのガラスなどにくっついて自由に動くことができるクモやハエのあしの先にも、細い毛がたくさんあることがわかっています。

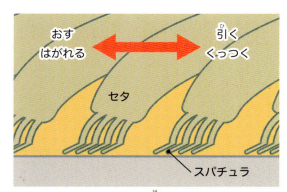

ヤモリのあしのうらにある毛のしくみ

マミジロハエトリ クモのなかま。

マミジロハエトリのあしの先

あしの先の電子顕微鏡写真 ふさのようなものがある。

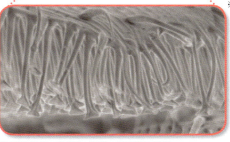

あしの先にあるふさの電子顕微鏡写真 ふさは、より細い毛でできているのが見える。

※ 画像提供：(国研) 物質・材料研究機構

テクノロジー
くっつく生き物に学ぶ

ヤモリのあしのうらをまねたくっつくテープがつくられています。このテープは、宇宙でも水中でもつかえて、何度でもくっつけられます。また、のりをつかっていないので、テープをはがしたあとがよごれません。今は、まだヤモリのくっつく力より弱いものしかつくれませんが、いつか人が手やあしにつけて、かべをのぼれるテープができるかもしれません。

日本でつくられたヤモリテープ 1cm²（人さし指の先ぐらい）で500gのペットボトルをささえられる。

水の中でも くっつく

水の中を歩くテントウムシ
画像提供：（国研）物質・材料研究機構

水の中でもくっついていた⁉

　テントウムシやハムシなどの昆虫も、クモのように、葉のうらがわを歩いたり、ヤモリのようにつるつるのガラスや天井にくっついて動きまわることができます。これは、テントウムシやハムシにも、あしのうらに細い毛がたくさんあり、さらにその毛をあしの先から出る液体でおおって、葉のうらにくっつきやすくしているからです。これらの昆虫は、葉などの表面に液体でくっついているため、体がういてしまう水の中では液体のくっつく力がなくなってうまく歩けないと、これまでは考えられていました。ところが、近ごろテントウムシやハムシが、短い時間ならば水中の草や石などにあしをくっつけて歩けることがわかりました。

人も水の中だと、体がういちゃってうまく歩けないよね。

水の中でもしっかりくっつく生き物

水の中で、いろいろなものにしっかりとくっつく生き物がいます。海の岩場や、船が海水にしずんでいる部分に、フジツボというエビやカニのなかまやイガイという貝のなかまなどがくっついているのが見られます。こうした生き物は、速い水の流れや、人がちょっと引っぱったぐらいでははがれないほど、強くくっついています。わたしたちが紙などをくっつけるのにつかうのりは、水の中では、しっかりとものとものをくっつけることはできません。また、空気の中でくっつけたとしても、水の中に入れると、やがてはがれてしまいます。

岩場にいるフジツボ 貝のように見えるが、エビやカニのなかま。子どものときは海をただよってくらし、脱皮をしながら成長したあと、岩などにくっついて、外がわにかたい殻をもつすがたになる。

岩場のムラサキイガイ 船などにくっついて世界中に広がった。くっつく力は、秒速10m以上の速い水の流れにもたえられる。空気中では秒速268m（飛行機が飛ぶ速さ）の風にたえるのと同じぐらいの強さだ。

どうやってくっつくのかな？

水の中でもくっつく

水の中でも歩けるあしのひみつ

テントウムシやハムシが、どうやって水中にあるものにくっついて歩くかを調べたところ、水の底の面にくっつくのに、空気のあわをつかっていることがわかりました。テントウムシやハムシのあしの先には、毛がびっしりと生えていて、毛と毛の間が空気で満たされています。それらのあわがあしのうらの水をはじき、あしのうらが水中にあるものの表面にくっつくことができるのです。

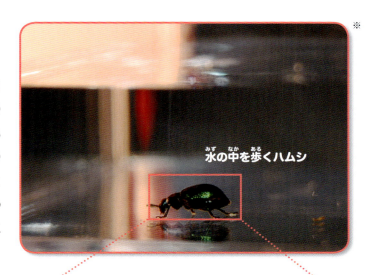
水の中を歩くハムシ

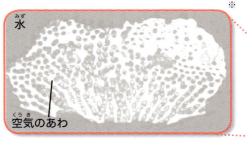
ハムシのあしのうらの毛 黒っぽく見えるのが毛で、その間にある白い部分があわ。

水
空気のあわ

あわ

水中ではたらくロボットに利用？

たくさんの毛があるテントウムシやハムシのあしのうらをまねて、ゴムで毛のようなものをつくり、小さなブルドーザーの模型につけると、水中にあるかべにくっつくことがわかりました。このしくみが、水の中で動いたり、はたらいたりするロボットなどに利用できるかもしれません。

かべにくっつくブルドーザーの模型（上）とそのうらがわ（左） うらがわの白いところがゴムでできた毛で、空気をためている。

水中ロボット

※ 画像提供：（国研）物質・材料研究機構

自然の接着剤

フジツボは、体をおおう殻の底にのりを出して、それがかたまってくっつきます。それに対して、イガイは貝殻から足糸という糸のようなものを何本ものばして、くっつきます。足糸の先は丸く広がって、そこからのりが出ています。どちらののりも、タンパク質という生き物の体をつくる材料でできているため、自然をよごしません。フジツボやイガイがつくるのりに学んで、水中でつかえるのりや人の体の中でつかえるのりをつくることができるかもしれません。

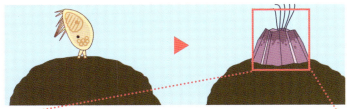

フジツボの育ち方 海をただよっていたフジツボの子ども（左下）は大きくなると、くっつく場所をさがしながら動きまわる。くっつく場所を決めると、すがたを変える（右下）。

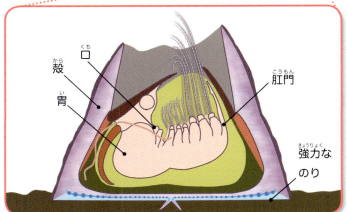

フジツボの体のつくり（内部） 強力なのりを出して、船の底やロープ、岩やクジラの体など、さまざまなところにくっつく。

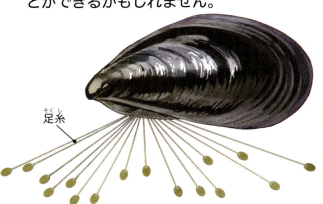

足糸を出すムラサキイガイ 1本の足糸をつくると、2日後には100本以上の足糸を出して波に流されないように岩などに強力にくっつく。

©Emily Carrington, University of Washington's Friday Harbor Laboratories

発見！生き物の知恵
くっつく生き物大集合！

　自然の中には、ほかの生き物に運んでもらうなどして、なるべくエネルギーをつかわずに生きている生き物がいます。それぞれ、引っかかったり、すいついたり、さまざまなくっつき方をしています。

野生のゴボウの実　とげの先がフックのように曲がっていて、動物の毛や人の服などにくっついて、運ばれる。

オナモミの実　ゴボウの実と同じように、先がフックのように曲がったとげ（円内）で毛や服にくっつく。

上写真2点：©2009 Andrey Zharkikh "2009.09.24 19.15.40_CIMG2652" (CC-BY)

コラム

オナモミをまねたテープ

　野生のゴボウやオナモミのようなとげをもった実が、動物などにくっつくのをまねてつくられたのが、面ファスナーです。一方の面には先が小さなフックになったかたい糸がならび、もう一方の面には輪になった糸がならんでいます。それらをくっつけると、フックが輪に引っかかって、はがしにくくなります。

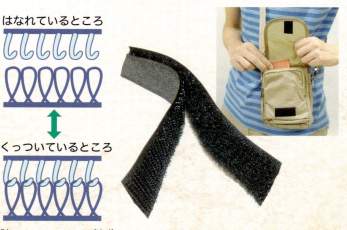

はなれているところ

くっついているところ

面ファスナーは、何度もくっつけたりはがしたりできるため、くつやかばん、服などいろいろなものにつかわれている。

タコ あし（うで）が8本ある、イカや貝と同じ軟体動物。あしには吸盤があって、つるつるした表面だけではなく、でこぼこした岩にもくっつく。

タコのあしの吸盤（右）とそのしくみ（上） おわんのような部分を表面にくっつけ（上左）、中の筋肉をちぢめると、表面にすいつく力が生まれる（上右）。

ジンベエザメにつくコバンザメ

コバンザメ 頭の上にある吸盤（▼）で、大きなサメやエイの体やカメの甲らなどにくっつき、食べこぼしたものなどを食べる。

©2011 Neville Wootton"030 - Slender Suckerfish"(CC-BY)

水そうにつくコバンザメの吸盤 頭の上に背びれが変化した小判のようなかたちの吸盤がある。ざらざらしたサメのはだにもくっつく。

画像提供：新江ノ島水族館

ほかの ものを くっつかせない

ジンベエザメ 全長20mにもなり、魚のなかまの中ではもっとも大きい。海面近くをゆっくりと泳いで小さなプランクトンなどを食べるが、体にフジツボやイガイはつかない。

©2013 Steve"Erratic Eric"(CC-BY-SA)

🔍 フジツボなどがくっつかない!?

　海にすむフジツボやイガイなどの貝は、ぬれた岩や船の底、時には生きたクジラの体など、さまざまな場所にくっつきます。船の底にフジツボがつくと、船が進むときに、水が船の底にそってうまく流れにくくなり、水におし返される力（抵抗）が大きくなります。

　ところが、サメやマグロ、カジキなど、ほとんどの魚にはフジツボはつきません。ほかにも、岩にはくっつくフジツボですが、岩と同じようにその場所から動かない海藻にはくっつきません。

ザトウクジラの尾びれ ザトウクジラやコククジラ、セミクジラなどには、フジツボやクジラジラミなどの寄生虫がつくことがある。ザトウクジラが飛び上がって体を海面にうちつけるブリーチングといわれる動きも、体につく生き物をおとすためだと考えられている。

くっつくものと
くっつかないものは
何がちがうのかな？

カジキ カジキのなかまは、細長いぼうすい形の体をもち、上あごが長くつき出している。大きな背びれとしりびれ、2つに分かれた大きな尾びれをもつ。体の表面は、マグロと同じようにぬめぬめしていて、水やフジツボ、イガイなどにじゃまされずに速く泳ぐことができる。

ワカメ 日本各地の陸に近い海の底に生える海藻。船のタンクなどに入って世界中の海に広がってしまい、問題となっている。フジツボなどはくっつかない。

ほかのものを くっつかせない

小さいでこぼこにはくっつかない

　20ページにあるように、サメのうろこには細長いでっぱりがあり、大きさが100分の1mmほどのみぞがならんでいます。カニの甲らや貝殻などにも、1000分の1mmほどのとても小さなでっぱりやとげなどがあります。そういう小さなでこぼこがあるところでは、フジツボがくっつきにくいことがわかっています。

　ところが、大きさが数mmほどのでこぼこでは、みぞのところにフジツボがくっつきやすく、でっぱりのところにはくっつきにくいことがわかりました。フジツボがくっつくところをさがすときにつかう、触角の長さや先の大きさに関係していると考えられています。

フジツボの子ども フジツボが生まれてから何度か脱皮したあとのすがた。大きさは、0.5mmほど。

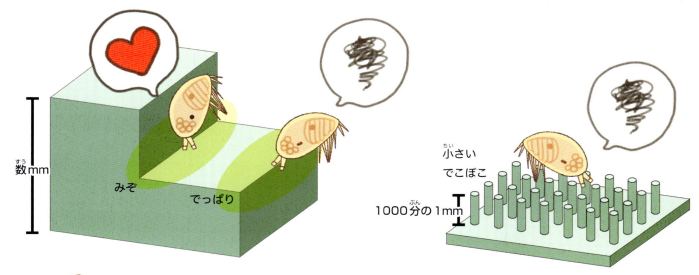

コラム

虫もすべるでこぼこ!?

　あしのうらに100分の1mmほどの細い毛がたくさん生えたヤモリや虫は、ガラスまどやかべ、天井にもくっついて、自由に動きまわります。ところが、くっつくあしをもつ虫も、ほかの虫の体などの表面にあるような100万分の1mmほどのとても小さなでこぼこの上ではすべってしまうことがわかりました。こうした小さなでこぼこをつければ、虫などがとまらないガラスやかべなどをつくれるかもしれません。

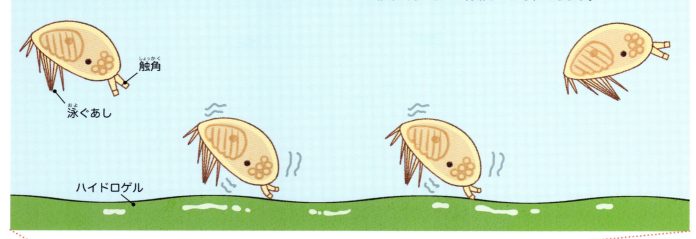

フジツボの子ども 海をただよっていたフジツボの子どもは、くっつく場所を触角でさぐりながら、動きまわる。ぬめぬめしたハイドロゲルの上は、水気が多くやわらかいため、一生くっついている場所に向かないと判断してはなれてしまう。

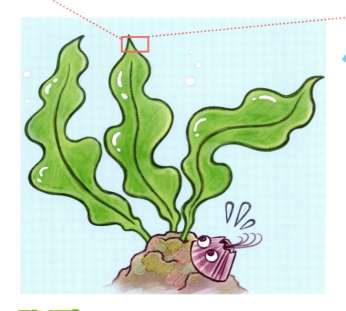

ぬめぬめにはくっつかない

とても小さなでこぼこのほかに、フジツボがくっつかないものがあります。それが、マグロやカジキなどの魚や海藻などの表面のぬめりです。それらのぬめぬめしたものを「ハイドロゲル」といい、水をたくさんふくんでいて、とてもやわらかいものです。身近なものでは、ゼリーやかんてん、プリン、豆腐などの食品があります。コンタクトレンズなどもハイドロゲルです。ハイドロゲルを海にしずめておくと、フジツボやイガイなどの貝だけではなく、ホヤなどもくっつきにくいことがわかりました。

テクノロジー
細菌もよせつけない海藻に学ぶ

あたたかい地方の海底に生えるタマイタダキという海藻の表面のぬめりには、フラノンというものがまざっています。そのフラノンは、もともと人や動物を病気にするような細菌をよせつけないはたらきをすることが知られていました。さらによく調べたところ、フラノンがあると、フジツボの子どももくっつきにくくなることがわかりました。より小さな力で進む船をつくるために、フラノンで海の中の生き物をくっつきにくくする船の塗装が研究されています。

画像提供：（社）水産土木建設技術センター

タマイタダキ 海底の岩場などに生える赤い海藻のなかま。

弱い流れも うまく つかう

トンボの飛び方 トンボは、胸部にある筋肉とレジリン（→23ページ）というゴムのようなタンパク質をつかって、4枚のはねを動かして飛ぶ。トンボのはねはそれぞれべつべつに動かすことができるので、トンボは飛ぶ速さや向きを自由に変えられる。

©2016 Jin Kemoole
"P1190218-1"(CC-BY)

自由に飛ぶトンボ

トンボは、空気の流れ（風）があっても、空中で自由にとまったり、飛びまわったりすることができます。このように飛べるのは、じつはとてもすごいことなのです。というのも、トンボのように体が小さく軽いものにとっては、人が水に対して感じるのと同じぐらいのねばりけを空気に対して感じるからです。たとえば、人がのるジェット飛行機がトンボと同じぐらいの大きさになって、トンボと同じ速さで進むと、空気がつばさにねばりついてうまく流れなくなり、飛ぶことができなくなると考えられています。

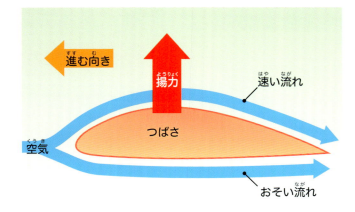

飛行機のつばさを横から見る 飛行機は、速く進むことで、つばさのまわりに空気の流れができる。つばさの上の空気の流れが、つばさの下の空気の流れより速くなり、上に引っぱられる力（揚力）が生まれて、飛ぶことができる。

大きな体で自由に泳ぐザトウクジラ

水の中では、生き物の体がおしのけた水の分だけ、水にうく力がはたらきます。しかし、ふつうの魚とちがって体の中にうきぶくろをもたないほ乳類のクジラや、サメやマグロなどの大きな魚は、ただ水の中にいるだけではしずんでしまいます。そこで、鳥がはばたいて空を飛ぶように、尾びれを上下、または左右にふることで水の中を進み、うく力（揚力）をえています。全長14〜19mにもなるザトウクジラは、あるていどの速さで進まないとしずんでしまうはずですが、ゆっくり泳いでもしずむことはなく、急な角度でもぐったり、ういたりするなど自由に泳ぐことができます。

泳ぎつづけないとしずむザトウクジラ 水の中でも陸上と同じく、地球の中心に引っぱられる力（重力）がはたらく。じっとしているとしずんでしまうため、ねむりながらも泳ぎつづける。

ザトウクジラの親子 イルカなどとちがって、歯をもたないヒゲクジラの一種。ヒゲクジラは上あごの内がわに、クジラヒゲとよばれるかたい毛のようなものをもっており、それをつかって、海の中の小さなプランクトンやオキアミなどをこしとって食べる。

©Melissaf84 ¦ Dreamstime.com

弱い流れも うまく つかう

軽くてうすいトンボのはね うすくて透明な膜に、あみ目状になったかたい部分（しみゃく）がある。1秒間に20～30回という羽ばたきにもたえられるほどじょうぶなつくりをしている。

🔍 トンボのはねのひみつ

トンボのはねを横から見ると、飛行機のつばさとちがい、でこぼこしています。トンボのはねに空気がぶつかると、でこぼこのところに小さなうずができますが、はね全体のまわりには、なめらかな空気の流れができます。それらのでこぼこが空気の流れをととのえるため、弱い風（空気の流れ）でもうく力（揚力）が生まれて飛ぶことができます。トンボのようにゆっくりと安定して飛べる小さなロボットにカメラをつけると、災害があった場所でけが人などをさがすのに役立てられるかもしれません。

横から見たトンボのはね はねの表面にできた小さなうずが車輪のようなはたらきをし、その外がわの空気をなめらかに後ろに流している。

トンボ形小型ロボット試験機 試験飛行では、風がふく中でも、安定して飛ぶことができた。

※ 画像提供：日本文理大学（大分市）マイクロ流体技術研究所

ザトウクジラの胸びれのひみつ

ザトウクジラの大きな胸びれの前縁には、丸いでこぼこがあります。こうしたでこぼこがあると、水の抵抗が大きいように思えます。しかし、水の流れをくわしく調べると、ゆっくりと泳ぐときには胸びれのでこぼこの後ろにうずができて、ひれの後ろの水の流れをなめらかにすることがわかりました。ひれのでこぼこが、水の抵抗を小さくして、弱い水の流れでもうく力（揚力）を生むため、ザトウクジラはゆっくり泳いでもしずまないのです。また、小さな力で急に向きを変えるのにも役立つことがわかっています。

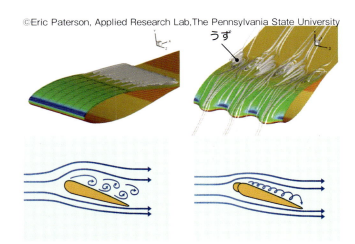

©Eric Paterson, Applied Research Lab, The Pennsylvania State University

なめらかなつばさ（左）とでこぼこのあるひれ（右） なめらかなつばさでは、水の流れに対して向きが変わると、つばさの後ろにできるうずが大きくなり（左下）、水の抵抗も大きくなる。でこぼこのあるひれでは、向きが変わってもへこみの後ろにうずができるため、ひれの後ろにうずができない（右下）。

テクノロジー
トンボのはねやクジラの胸びれに学ぶ

風力発電では、風の力で大きな風車（タービン）をまわし、磁石を回転させて電気をおこします。これまで利用されてきたタービンは、弱い風だと発電ができず、しかもタービンがまわるときに騒音やゆれがおこります。しかし、トンボのはねやクジラの胸びれのように、弱い空気や水の流れで揚力をえられれば、弱い風でも発電できるようになると考えられています。また、空気の抵抗が小さくなれば、風車がまわるときに生まれる音やゆれも小さくなるでしょう。

光をはね返さない

光をのがさないガの眼

ガは、チョウのなかまで、ちがいはほとんどありませんが、おもに昼に活動するのがチョウ、夜に活動するのがガだとされています。夜に飛びまわるガは、月や星の弱い光の中でも、ものがよく見える眼をもっています。このガの眼は、まわりの光を眼の表面ではね返すことなく、すべてとり入れています。

ガの眼とちがってつやがあるね。

昼に活動するチョウの眼

すべての光をとり入れるガの眼

🔍 セミも光をはね返さない？

　夏に木の幹で鳴くセミにも、光をはね返さない部分があります。それは、ガのような眼ではなく、透明なはねです。はねが透明でつやがないと、光をはね返さないので、鳥や人などからは、セミがとまっている木の幹など後ろのものがよく見えます。こうして、セミは、敵から見つかりにくくしていると考えられています。

木にとまるクマゼミ
体長4〜5cmほどになる大きなセミ。関東よりも南、西日本や四国、九州などで見られる。

光のまわりにあつまるガ
夜に飛びまわるガは、もともと月の明かりをたよりに飛んでいて、月と電灯の明かりをまちがえてあつまると考えられている。

光をはね返さない

🔍 ガの眼のひみつ

光をはね返さないガの眼を顕微鏡で見ると、100分の1mmほどの小さな六角形をした個眼がたくさんあつまっているのがわかります。個眼の表面を顕微鏡でさらに拡大して見ると、1万分の1mmほどのさらに小さなでこぼこがあります。じつは、この小さなでこぼこが光をはね返さないようにして、弱い光もすべて眼に入るようにしているのです。

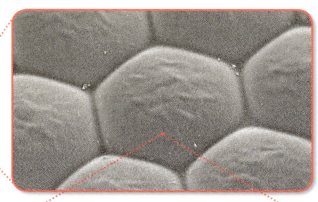

ガの複眼 多くの昆虫は、個眼という小さな眼がたくさんあつまってできた複眼をもつ。チョウやガには1〜2万個の個眼がある。

個眼の表面 ガの個眼の表面をさらに拡大してみると、1万分の1mmほどのでこぼこがならんでいることがわかる。

🔍 光をはね返さないかたち

ヒトの目に見える光は、約1万分の4〜8mmという短い波長の波としてつたわりますが、空気や水、ガラスなど透明な物質の中を進むとき、そのさかい目ではね返ったり（反射）、曲がったり（屈折）します。光がはね返る量や曲がる角度は、その物質の性質（屈折率）によってちがい、さかい目の両がわで屈折率がちがうほど、光がはね返りやすくなります。ところが、ガの個眼の表面にあるでこぼこは、この波長より短いため、光の進み方に影響が少なく光はまっすぐ進みます。また、ガの個眼にあるでっぱりの先は小さく、根元が大きくなっていて、屈折率がゆるやかに変わるため、光の反射と屈折がほとんどゼロになります。

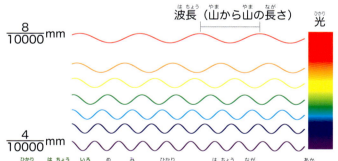

光の波長と色 目に見える光では、波長は長いほうが赤く、短いほうが青く見える。

光の進み方 ちがう物質とのさかい目が平らなところでは、光がはね返ったり曲がって進んだりするが（左上）、ガの個眼のように小さなでこぼこがあると、はね返されない（右上）。

セミのはねにもあったでこぼこ

透明で光をはね返さないクマゼミのはねを顕微鏡で見ると、ガの眼のように表面に1万分の数mmの小さなでこぼこがあることがわかりました。セミやトンボの透明なはねの表面にも、こうしたでこぼこが見つかっています。しかし、調べてみると昼に活動するアサギマダラやモンシロチョウの眼、アブラゼミの透明ではないはねの表面にも小さなでこぼこが見つかりました。これらの小さなでこぼこは、光をはね返さないだけではなく、ハスの葉のように水をはじいたり、サメはだのようにほかの生き物がくっつかないようにして身をまもるなど、さまざまなはたらきをしていると考えられています。

クマゼミ（上）とクマゼミのはねの表面の顕微鏡写真（右）

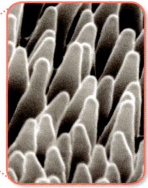

アブラゼミ（上）とアブラゼミのはねの表面の顕微鏡写真（右）

テクノロジー
ガの眼に学ぶ

光をはね返さないガの眼に学んで、小さなでこぼこをつくって、光をはね返さないフィルム「モスアイシート」（ガの眼の膜）がつくられています。このフィルムをつかうと、テレビやパソコンの画面や美術館などにある額ぶちのガラスや窓ガラスなどに、まわりのものがうつりこんで見えづらくなるのをふせぐことができます。また、太陽の光を利用して発電する太陽光発電パネルにはれば、受けた光をはね返さずにむだなく電気に変えられるようになるでしょう。

ガの眼に学んだフィルム（上）と左半分だけフィルムをはったフォトフレーム（右）

モスアイシート モスアイシートをガラスの表とうらの両方にはると、外からの光も、絵にあたってはね返る（反射する）光もガラスの表とうらではね返らないので、ガラスの中のものが見やすくなる（左下図）。

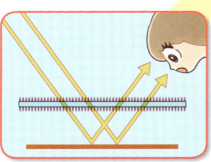

モスアイシートあり ガラスの中のものが見えやすい。

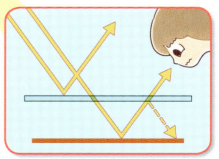

モスアイシートなし ガラスの表とうらで光がはね返るので中のものが見えにくい。

発見！生き物の知恵
軽くて じょうぶな かたち

ハチの巣や昆虫の複眼など、さまざまなところで六角形または六角柱があつまったかたちが見られます。このかたちをハニカム構造（ハチの巣のかたち）といいます。このかたちは少ない材料で、広いはんいにむだなくしきつめられて、しかもじょうぶなつくりなのです。

©iStockphoto.com/florintt

ハチの巣 むだなくならんだ六角柱の部屋で、たくさんの働きバチが幼虫を育てたり、花のみつをたくわえたりする。

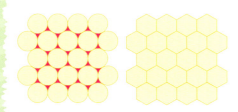

むだなくしきつめる 同じ広さの場所に同じ半径の円（左）と六角形（右）をしきつめると、六角形のほうが、すき間をつくらずに、しきつめられる。

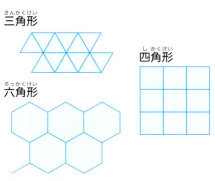

少ない材料でつくれる すき間なくしきつめられるかたちの中でも、同じ長さの線でかこっていくと、六角形が一番大きな面積をかこうことができる。

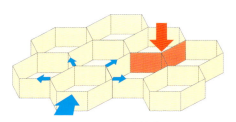

じょうぶなかたち 六角柱があつまったつくりでは、横からの力（→）は分かれて小さくなり、上からの力（→）に対してはそれぞれ３つの面でささえるため、こわれにくい。

トンボの複眼 小さな六角形の個眼が1万個以上もあつまっている。前後左右のほぼ360度を見ることができるので、えものや敵を見つけやすい。

カメの甲ら 成長するにつれて、六角形の1つひとつが大きくなって、甲ら全体が大きくなる。それぞれの六角形の中のしまもようは、成長のしるし。

ハコフグ（上）とハコフグの骨板（左） ハコフグのなかまは、骨板といわれるかたい骨のような甲らで全身がおおわれている。骨板は、六角形をしきつめたかたちをしている。

画像提供：しながわ水族館

フェアリング

コラム
軽くてじょうぶなハニカム・サンドイッチ構造

アルミや紙、プラスチックなどのハニカム構造を板ではさんでくっつけたかたちを、ハニカム・サンドイッチ構造といいます。ハニカム構造をはさんでできた板は、軽くて、さまざまな方向からの力に強く、じょうぶなため、飛行機や新幹線、ロケットなど、さまざまなものにつかわれています。

ハニカムパネル アルミなどのハニカム構造の両がわを板ではさんだハニカム・サンドイッチ構造のパネル（板）。中にすき間があるため、軽くてじょうぶなほか、音を吸収したり、熱をさえぎったりするはたらきもある。

飛行機のかべや、つばさの一部にハニカムパネルがつかわれている。
画像提供：日本航空

ロケットの先端部分にあるフェアリングにもハニカム・サンドイッチ構造がつかわれている。

51

ぶつからないで 群れを つくる

魚がつくる群れ

群れをつくって動く

魚や鳥などには、同じ種類がたくさんあつまって群れでくらすものがいます。群れで動きまわると、まわりを見はる目がふえて、危険な敵を早く見つけることができます。また、敵におそわれたときにも、たくさんのなかまがいれば、自分がつかまる確率をへらすことができます。ほかにも、敵に群れを1つの大きな生き物のように見せたり、同じような生き物が、同じように動くことで、敵の目をくらませたりできると考えられています。

敵に気づきやすい 群れることで、まわりを見る目がふえる。

ムクドリの群れ 卵をうんで、ひなを育てるとき以外は、大きな群れをつくって、ねぐらとする木とえさ場とを行き来する。数万羽の群れになることもある。

敵の目をあざむく 群れで動くことで大きな生き物と見せかけたり（上）、ねらいを1ぴきにしぼらせにくくしたり（右）することができると考えられている。

こんなにたくさんいるのに、ぶつかったりしないのかな？

ぶつからないで 群れを つくる

サメをよける魚の群れ

群れの決まり

　鳥や魚の群れは、それぞれがぶつかったり、群れからはぐれたりしないように、おたがいのきょりや移動する向きをそろえるようにしています。そのため、群れには次のような決まりがあります。1つ目は、群れをつくる鳥や魚それぞれが同じ向きについていくことです。それを「平行」または「追従」といいます。2つ目は、それぞれが近づきすぎたときには、はなれることで、これを「反発」といいます。3つ目は、それぞれがはなれすぎたときには、おたがいに近づくことで、これを「接近」といいます。

おたがいの動きを決めるきょり

魚がもつ感覚器官

側線

わたしたちヒトは、目で見る、耳で音を聞く、鼻でにおいをかぐ、舌で味を感じる、皮ふでふれる、という5つの感覚器官をつかって自分のまわりにあるものを感じとります。群れをつくる鳥は、おもに目で見ておたがいのきょりを感じとります。また、魚は、目で見るだけではなく、体の横にある側線という器官で水の流れや圧力を感じておたがいぶつからないようなきょりをたもちます。

テクノロジー
鳥や魚の群れに学ぶ

鳥や魚の群れに学んで、ぶつからない自動車のしくみが考えられています。そして、そのしくみをつかったロボットカーもつくられています。こうした群れの決まりによって動くロボットは、自動車などのしくみだけではなく、人が入ることができない危険な場所や、月や火星を調べる探査ロボットにもつかえるかもしれません。というのも、群れで探査するロボットであれば、たくさんのロボットに命令を出さなくても、1つのロボットに命令を出して、そのほかのものがついていくようにすることができるからです。また、いくつかのロボットがこわれても、群れ全体がだめになることもありません。

ロボットカー「EPORO(エポロ)」 群れの決まりにしたがって動くので、ぶつかることがない。

画像提供：日産自動車株式会社

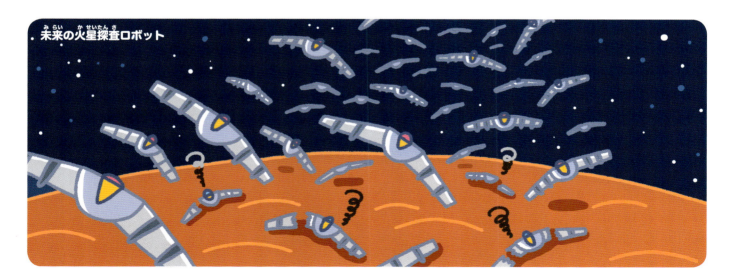

未来の火星探査ロボット

むだの ない 道すじを つくる

どうやって楽な道がわかるのかな？

アリがつくる道

アリは、大きな群れをつくります。群れには、卵をうむ女王アリ、卵をうむ以外のしごとをする働きアリがいて、女王アリが卵をうむときにだけおすアリが生まれます。公園や道ばたなどでも見かけるアリは、巣の外にえさなどをさがしに出ている働きアリです。えさを見つけると、やがて行列をつくって、巣まで運びます。このような働きアリの行列は、女王アリなどの命令なしにできるものです。行列はいくつもの道の中から、一番楽な道をえらんで通るようになっています。

アリの行列の通り道 はじめは、どの道も同じように通るが、だんだんと短いきょりの道を通るようになる。

木の幹をつたって
広がる粘菌

かしこい粘菌

　粘菌は、森の中の木の幹や落ち葉などで見かけるキノコやカビに近い生き物です。なかまをふやすときには、植物のスギナやコケなどのように胞子（小さな種子のようなもの）から芽を出しますが、成長すると、体をのびちぢみさせて動きまわり、えさをとる動物のような性質をもつふしぎな生き物です。

　粘菌は、動物のような脳をもっていませんが、迷路をとくことができます。実験用の迷路をつくって、その入り口と出口にえさをおくと、一番短い道すじに体をのばし、えさをとることがわかっています。

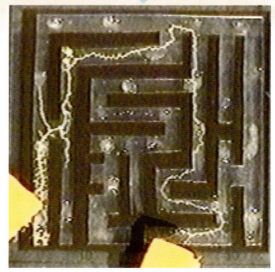

実験用迷路をとく粘菌　左下と真ん中の下にえさがおいてある。

画像提供：北海道大学 電子科学研究所 中垣俊之

むだのない道すじをつくる

えさ場から巣へもどる働きアリ 触角で道しるべフェロモンをたどりながら、自分も道しるべフェロモンを出して進む。

道しるべフェロモン

巣の外に出た働きアリは、はじめはばらばらになってえさをさがします。1ぴきでは運べないようなえさを見つけると、しりの先から「道しるべフェロモン」といわれるにおいのようなものを出しながら、巣にもどります。ほかのアリは触角でフェロモンを感じると、そのあとをたどってえさのある場所までたどりつき、自分でもフェロモンを出しながら巣にもどります。フェロモンは、時間がたつと、うすくなって消えていきますが、アリはフェロモンのこいほうの道へ進みます。そのため、えさから巣までの道がいくつあっても、きょりが短いほうにフェロモンがこくのこるため、働きアリたちは、きょりが短い楽な道を行き来するようになるのです。

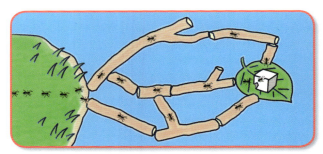
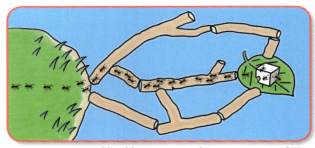

むだのないアリの通り道 えさから巣までのきょりが短くなるほうが、アリが行き来する回数がふえて、フェロモンがこくのこる。

コラム

アリがつかうフェロモン

働きアリは、道しるべのほかにもさまざまなフェロモンをつかいます。巣の外で同じ種類のアリに会うと、まず触角でフェロモンを感じとって、同じ巣のなかまかどうかをたしかめます。同じ巣のアリならば、えさを交換したり、そのまま行きすぎたりしますが、ちがう巣のアリであれば、にげたり、一方が死ぬまでけんかしたりします。また、巣に危険がせまると、「警報フェロモン」を出して、なかまに危険を知らせます。

えさをもとめて移動する

かたちを変えながらえさをもとめて移動する変形体の粘菌は、なるべく1つのかたまりになって体の大部分でえさをおおい、多くの養分をとり入れようとします。そのため、迷路の入り口と出口にえさをおくと、さいしょは全体に体を広げますが、やがて行き止まりの道からは引き上げます。こうして、もっともむだのない短いきょりの道だけがのこります。交通ネットワークの実験では、粘菌がつくった路線のほうが、人がつくった路線よりも、事故がおきたときにほかへの影響が少ないなど、すぐれた点があることがわかっています。

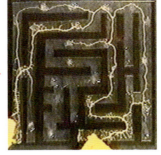

画像提供：北海道大学 電子科学研究所 中垣俊之

迷路全体に広がる変形体の粘菌（左）と行き止まりの道から引き上げていく粘菌（右）

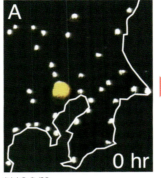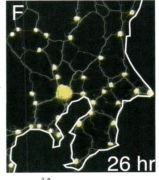

画像提供：公立はこだて未来大学 髙木清二

関東地方の交通ネットワークをつくる粘菌

関東地方のかたちをしたうつわのおもな駅にあたるところにえさ（小さな丸）をおき、東京都心部分にあたるところに粘菌（黄色の大きな丸）をおくと（左下）、粘菌は鉄道路線のようなネットワークをつくる（右下）。

テクノロジー
アリや粘菌のむだのない道すじに学ぶ

アリや粘菌は、いくつにも分かれた複雑な道でも、もっともむだのない道すじをつくります。わたしたちのまわりには、鉄道路線や道路、水道や電気、インターネットなど、さまざまなネットワークがあります。アリや粘菌に学べば、さらにむだのないネットワークができるかもしれません。また、命令を下すリーダーのいないアリや、脳がない粘菌は、少しの決まりごとだけで、複雑な動きをします。それらのように、全体をコントロールするための複雑で大きな脳をもたずに、たくさんの小さくてかんたんな脳で全体をコントロールするロボットの研究が進められています。

アリの行列のしくみを生かした配達ネットワーク アリに学んで、いくつかの倉庫から、トラックでたくさんの家に荷物をとどけるとき、もっともむだが少ない道すじを考えることができた。

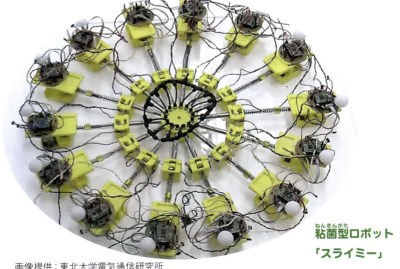

画像提供：東北大学電気通信研究所

粘菌型ロボット「スライミー」

発見！生き物の知恵
いっしゅんで広げてたためる

　テントウムシやハネカクシなどの昆虫は、飛ぶときにかたい前ばねとやわらかい後ろばねをいっしゅんで広げ、着地するとすぐに前ばねの下に後ろばねをいっしゅんで小さくたたみます。かんたんに広げられて、すぐにたためる方法は、人工衛星の太陽電池パネルやアンテナなどに役立つと考えられています。

飛びたつテントウムシ　かたい前ばねの下にあるうすい後ろばねを広げて飛ぶ。はねをささえる骨組みには、広がったかたちにもどろうとする力がある。それを利用していっしゅんで後ろばねを広げる。

葉の上のテントウムシ（左）と折りたたまれた後ろばね（右）
前ばねの丸いかたちとふちを利用して、後ろばねを折りたたむ。

赤と青の部分を横から見たかたち

広げた後ろばね（上）　赤と青の部分は、丸く曲がっている。このかたちは、自由に折り曲げられ、もとにもどるかたちで、金属でできた巻き尺（左）にも見られる。

※ 画像提供：斉藤一哉（東京大学）

たたまれた後ろばね

後ろばねを広げたハネカクシ（上）とたたんだハネカクシ（右） ハネカクシのかたい前ばねは、腹部をかくせないほど短い。その前ばねの下に、うすい後ろばねが小さく折りたたまれる。たたむときには、はじめに左右のはねを重ねてからいっしょに折りたたむ。

ハネカクシのはねの模型

※ 画像提供：斉藤一哉（東京大学）

ハネカクシの後ろばねのたたみ方 右からでも（右写真）、左からでも（左写真）はねをたたむことができる。はねのたたみ方は左右でちがい、どちらからたたむかで、左右のはねの折れ方は逆になる。

コラム
地図にも衛星にもミウラ折り⁉

　紙の反対がわの角を両手で持って引っぱるとかんたんに広がり、もどせば折りたためる「ミウラ折り」とよばれる折り方があります。ミウラ折りは、三浦公亮博士が考えた折り方で、かんたんに広げて、たためるため、地図や、ロケットで打ち上げて、宇宙で広げる人工衛星の太陽電池パネルやアンテナなどにも利用されています。また、かんたんに広がるミウラ折りのような折り目は、羽化したトンボのはねや、シデの若葉など、自然の中にも見つかっています。

ミウラ折り

試験衛星「きく8号」 アンテナにミウラ折りが利用されている。

シデの若葉 山折りと谷折りが連続している。

61

さくいん

同じ見開きの中で何度も出てくる用語は、最初に出てきたページをのせています。

あ

アブラゼミ	49
アリ	8,56,58
アルソミトラ	22
イガイ	33,35,38,41
イルカ	8,18,20,43
イロハモミジ	23
ウチワサボテン	11
EPORO（エボロ）	55
オナモミ	36

か

ガ	8,46,48
カエデ	23
カジキ	18,21,38,41
カタツムリ	8,25,27
カメ	37,51
カワセミ	14,16
感覚器官（かんかくきかん）	55
キリアツメゴミムシダマシ	11,13
クジラ	35,38,43,45
屈折（くっせつ）	48
屈折率（くっせつりつ）	48
クマゼミ	47,49
クモ	28,31,32
警報フェロモン（けいほう）	58
コバンザメ	37
500系新幹線（けいしんかんせん）	16
ゴボウ	36

さ

ザトウクジラ	38,43,45
サボテン	11,12
サメ	8,18,20,37,38,40,43,49,54
シデ	61
シャチ	18
食物連鎖（しょくもつれんさ）	7
新幹線（しんかんせん）	16,51
ジンベエザメ	37,38
スパチュラ	30
セタ	30
セミ	47,49
側線（そくせん）	55

た

タービン	45
太陽光発電パネル（たいようこうはつでん）	49
太陽電池パネル（たいようでんち）	60
タコ	37
種（たね）	22
タマイタダキ	41
タンポポ	22
チョウ	46,48
ツクバネ	23
抵抗（ていこう）	18,20,22,38,45
でこぼこ	8,11,13,22,26,30,37,40,44,48
テントウムシ	32,34,60
トンボ	23,42,44,49,51,61

な

粘菌（ねんきん）	57, 59
ノミ	23
のり	31, 33, 35

は

ハイドロゲル	41
ハエ	28, 31
ハコフグ	51
ハシラサボテン	11
ハス	8, 24, 26, 49
ハチ	23, 50
バッタ	23
ハニカム構造（こうぞう）	50
ハニカム・サンドイッチ構造（こうぞう）	51
ハニカムパネル	51
ハネカクシ	60
ハムシ	32, 34
バラ	27
反射（はんしゃ）	48
パンタグラフ	17
飛行機（ひこうき）	21, 33, 42, 44, 51
風車（ふうしゃ）	45
風力発電（ふうりょくはつでん）	45
フェアリング	51
フェロモン	58
複眼（ふくがん）	48, 50
フクロウ	15, 17
フジツボ	33, 35, 38, 40
フラノン	41
ホホジロザメ	19, 20

ま

巻き尺（まきじゃく）	60
マグロ	18, 20, 38, 41, 43
マミジロハエトリ	31
ミウラ折（お）り	61
道（みち）しるべフェロモン	58
ムクドリ	53
ムラサキイガイ	33, 35
群（む）れ	8, 52, 54, 56
面（めん）ファスナー	36
毛細管現象（もうさいかんげんしょう）（毛管現象（もうかんげんしょう））	12
モスアイシート	49
モミジ	23
モロクトカゲ	8, 10, 12

や

ヤモリ	28, 30, 32, 40
ヤモリテープ	31
雪（ゆき）	17
揚力（ようりょく）	42, 44

ら

レジリン	23, 42
レンコン	24
ロケット	51, 61
ロボット	34, 44, 55, 59
ロボットカー	55

わ

Warka Water（ワカ ウォーター）	13
ワカメ	39

◆参考文献

『トコトンやさしいバイオミメティクスの本』(日刊工業新聞社)／『自然界の超能力!』『科学のお話「超」能力をもつ生き物たち』『自然にまなぶ!ネイチャー・テクノロジー』(以上、学研プラス)／『生物の形や能力を利用する学問バイオミメティクス(国立科学博物館叢書)』(東海大学出版部)／『昆虫未来学「四億年の知恵」に学ぶ』(新潮社)／『バイオミメティクスの世界』(宝島社)／「キリアツメゴミムシダマシから着想を得た大気からの水回収技術」『表面技術』(68巻3号pp.127-131)／「水と養分を巧みに確保」『Newton』(33巻10号pp.76-81)／「積雪地の音環境-雪が降ると静かになる?の解明」『騒音制御』(32巻6号pp.378-384)／「自然を模倣した超親水・防汚表面」『表面技術』(64巻1号pp.15-20)／「リバーシブル接合」『溶接学会誌』(78巻3号pp.15-18)／「バイオミメティック接合技術」『まてりあ』(48巻4号pp.165-169)／「海洋付着生物を模倣した機能性材料」『色材協会誌』(87巻1号pp.13-18)／「ハイドロゲル上におけるフジツボの付着と成長」『日本接着学会誌』(52巻2号pp.38-43)／「水棲生物の遊泳運動メカニズム」『バイオメカニズム学会誌』(34巻3号pp.203-206)／「真正粘菌に学ぶ無中枢制御法」『日本機械学会誌』(117巻1143号pp.98-101)／「蟻の行動に学ぶ最適化技術：アントコロニー最適化」『化学工学』(78巻6号pp.391-394)

その他、各種文献、各専門機関のホームページを参考にさせていただきました。

◆図版・写真提供・協力者一覧

Architecture and Vision／Depositphotos／Dreamstime／Eric Paterson,Applied Research Lab,The Pennsylvania State University／Emily Carrington, University of Washington's Friday Harbor Laboratories／flickr／iStockphoto／JAXA／morguefile／NOAA／photolibrary／pixabay／pro.photo／Shutterstock／秋田県立大学／阿達直樹／伊藤隆之／(一財)沖縄美ら島財団／鹿児島大学／久保貴喜／公立はこだて未来大学　髙木清二／国立科学博物館／斉藤一哉(東京大学)／相模原市立博物館／しながわ水族館／昭和飛行機工業株式会社／新江ノ島水族館／(一社)水産土木建設技術センター／鈴木雄二(東京大学)／東北大学電気通信研究所／西日本旅客鉄道株式会社／日産自動車株式会社／日東電工株式会社／日本航空株式会社／日本文理大学(大分市)マイクロ流体技術研究所／沼田正／「花のびっくり箱」http://hanapon.karakuri-yashiki.com／ハユマ／藤野丈志／(国研)物質・材料研究機構／北海道大学 電子科学研究所 中垣俊之／益田秀樹(首都大学東京)／株式会社三菱ケミカルホールディングス／株式会社LIXIL

※(CC)のクレジットが付いた写真は"クリエイティブ・コモンズ・ライセンス"表示-3.0または表示-継承-3.0(http://creativecommons.org/licenses/by/3.0/)の下に提供されています。

◆写真クレジット

【カバー・表紙】©2014 Elias Levy"Great White Shark"(CC-BY)／©KonArt/depositphotos.com
【裏表紙】©iStockphoto.com/florintt
【後ろ見返し】©Richard Carey | Dreamstime.com

● 監修者紹介

石田秀輝（いしだ ひでき）

合同会社地球村研究室代表、東北大学名誉教授。酔庵塾塾長、ネイチャー・テクノロジー研究会代表、ものづくり生命文明機構副理事長、アースウォッチ・ジャパン副理事長、アメリカセラミックス学会フェローほか。(株)INAX〈現(株)LIXIL〉取締役CTO(最高技術責任者)を経て、東北大学教授、2014年より現職。ものづくりのパラダイムシフトに向けて国内外で多くの発信を続けている。特に、2004年からは、自然のすごさを賢く活かす新しいものづくり「ネイチャー・テクノロジー」を提唱。2014年から奄美群島沖永良部島へ移住、「心豊かなくらし方」の上位概念である「間抜けの研究」を開始。また、環境戦略・政策を横断的に実践できる社会人の人材育成や、子どもたちの環境教育にも積極的に取り組んでいる。近著に『光り輝く未来が、沖永良部島にあった！』(ワニブックス)、『地下資源文明から生命文明へ』(共著、東北大学出版会)、『自然に学ぶくらし』全3巻(監修、さ・え・ら書房)、『科学のお話「超」能力をもつ生き物たち』全4巻(監修、学研プラス)ほか多数。

＊イラスト＊
ふるやまなつみ
小堀文彦
ハユマ（田所穂乃香・原口 結）

＊カバー・本文デザイン＊
柳平和士

＊編集・構成＊
ハユマ（原口 結・田所穂乃香・小西麻衣・戸松大洋）

生き物のかたちと動きに学ぶテクノロジー
驚異的能力のひみつがいっぱい！

2017年9月4日　第1版第1刷発行

[監修者]　石田秀輝
[発行者]　山崎　至
[発行所]　株式会社PHP研究所
　　　　　東京本部　〒135-8137 江東区豊洲5-6-52
　　　　　　児童書局　出版部 TEL 03-3520-9635(編集)
　　　　　　　　　　　普及部 TEL 03-3520-9634(販売)
　　　　　京都本部　〒601-8411 京都市南区西九条北ノ内町11
　　　　　PHP INTERFACE　http://www.php.co.jp/
[印刷所・製本所]　図書印刷株式会社

©PHP Institute,Inc. 2017 Printed in Japan　ISBN978-4-569-78692-6
※本書の無断複製(コピー・スキャン・デジタル化等)は著作権法で認められた場合を除き、禁じられています。また、本書を代行業者等に依頼してスキャンやデジタル化することは、いかなる場合でも認められておりません。
※落丁・乱丁本の場合は弊社制作管理部(03-3520-9626)へご連絡下さい。送料弊社負担にてお取り替えいたします。
NDC 519　63P　29cm